Kaushal Kumar
Paramvir Yadav

Impressão 3D: Uma tecnologia avançada

AF376137

Kaushal Kumar
Paramvir Yadav

Impressão 3D: Uma tecnologia avançada

ScienciaScripts

Imprint
Any brand names and product names mentioned in this book are subject to trademark, brand or patent protection and are trademarks or registered trademarks of their respective holders. The use of brand names, product names, common names, trade names, product descriptions etc. even without a particular marking in this work is in no way to be construed to mean that such names may be regarded as unrestricted in respect of trademark and brand protection legislation and could thus be used by anyone.

Cover image: www.ingimage.com

This book is a translation from the original published under ISBN 978-620-7-80553-2.

Publisher:
Sciencia Scripts
is a trademark of
Dodo Books Indian Ocean Ltd. and OmniScriptum S.R.L publishing group

120 High Road, East Finchley, London, N2 9ED, United Kingdom
Str. Armeneasca 28/1, office 1, Chisinau MD-2012, Republic of Moldova, Europe
Printed at: see last page
ISBN: 978-620-7-97221-0

Copyright © Kaushal Kumar, Paramvir Yadav
Copyright © 2024 Dodo Books Indian Ocean Ltd. and OmniScriptum S.R.L publishing group

Índice

O advento da impressão 3D, ou fabrico aditivo, revolucionou a forma como criamos e pensamos os objectos. "Impressão 3D: Uma tecnologia avançada" investiga esta tecnologia transformadora, explorando os intrincados processos e componentes que a tornam possível. Este livro foi concebido para entusiastas, estudantes e profissionais, oferecendo um guia completo para compreender os elementos fundamentais que impulsionam a impressão 3D.

Começamos com a base do design digital, onde as ideias ganham vida através de software de design assistido por computador (CAD). Este modelo digital é depois meticulosamente cortado em camadas, formando o projeto para a impressora 3D. A escolha dos materiais é crucial, variando de termoplásticos e resinas a metais e cerâmicas, cada um com propriedades distintas adequadas a várias aplicações.

Por fim, abordamos técnicas essenciais de pós-processamento que melhoram o produto final, garantindo que este cumpre as especificações e a qualidade pretendidas. "Impressão 3D: Uma Tecnologia Avançada" não só esclarece os aspectos técnicos como também inspira a inovação, mostrando como esta tecnologia está a remodelar as indústrias, desde os cuidados de saúde à indústria aeroespacial. Este livro é a sua porta de entrada para dominar a arte e a ciência da impressão 3D.

Capítulo 1.
Introdução à impressão 3D

1.1. Visão geral do fabrico de aditivos:

O fabrico aditivo, vulgarmente conhecido como impressão 3D, é um processo de fabrico revolucionário que constrói objectos camada a camada a partir de desenhos digitais. Ao contrário dos métodos tradicionais de fabrico subtrativo, que envolvem o corte de material de um bloco sólido, o fabrico aditivo adiciona material de forma incremental, resultando em menos desperdício e maior flexibilidade de design.

O processo começa com um modelo digital 3D criado com software de desenho assistido por computador (CAD) ou obtido a partir de uma digitalização 3D. Este modelo digital é depois cortado em camadas horizontais finas utilizando um software especializado. A impressora 3D constrói então o objeto camada a camada, utilizando normalmente materiais como plástico, metal ou resina. Cada camada é fundida para criar um objeto tridimensional sólido.

O fabrico aditivo engloba uma vasta gama de tecnologias e processos, cada um com os seus próprios pontos fortes e limitações. As técnicas comuns de impressão 3D incluem a estereolitografia (SLA), a modelação por deposição fundida (FDM), a sinterização selectiva a laser (SLS) e o processamento digital de luz (DLP), entre outras. Estas técnicas diferem na sua abordagem à colocação de materiais em camadas e nos tipos de materiais que podem utilizar, permitindo uma versatilidade na aplicação.

1.2. Evolução histórica da impressão 3D:

O conceito de impressão 3D remonta à década de 1980, quando Chuck Hull inventou a estereolitografia, a primeira tecnologia de impressão 3D comercial. A estereolitografia utilizava um laser UV para solidificar camadas de resina líquida de fotopolímero, abrindo caminho para o desenvolvimento do fabrico aditivo tal como o conhecemos atualmente.

Ao longo da década de 1990 e no início da década de 2000, os avanços na tecnologia e nos materiais expandiram as capacidades da impressão 3D. A modelação por deposição fundida

(FDM), desenvolvida por Scott Crump, tornou-se uma das técnicas de impressão 3D mais utilizadas, permitindo a criação de protótipos funcionais e peças de produção de baixo volume.

A década de 2010 assistiu a um aumento significativo na acessibilidade e adoção da tecnologia de impressão 3D. A expiração de patentes importantes, associada a melhorias na acessibilidade e facilidade de utilização, democratizou a impressão 3D, tornando-a acessível a indivíduos, amadores e pequenas empresas.

1.3. Situação atual do sector:

Atualmente, a impressão 3D evoluiu para uma indústria madura e diversificada com aplicações em vários sectores, incluindo aeroespacial, automóvel, saúde, bens de consumo e educação. Prevê-se que o mercado global da impressão 3D continue a crescer, impulsionado pelos avanços na ciência dos materiais, pela inovação tecnológica e pela crescente procura de soluções de fabrico personalizadas e a pedido.

Os principais intervenientes no sector incluem empresas como a Stratasys, a 3D Systems, a EOS, a HP e a Formlabs, cada uma delas oferecendo uma gama de tecnologias e serviços de impressão 3D que se destinam a diferentes segmentos de mercado. Além disso, as empresas em fase de arranque e as instituições de investigação estão a impulsionar a inovação em áreas como a bioimpressão, a impressão 3D em grande escala e os materiais avançados.

A adoção da impressão 3D está generalizada em todas as indústrias, com aplicações que vão desde a prototipagem rápida e ferramentas até à produção e personalização de peças de utilização final. No sector aeroespacial, empresas como a Boeing e a Airbus utilizam a impressão 3D para produzir componentes leves, reduzir os prazos de entrega e otimizar as cadeias de fornecimento. Na área da saúde, os profissionais médicos utilizam a impressão 3D para implantes, próteses e guias cirúrgicos específicos para cada paciente, revolucionando a medicina personalizada.

1.4. Aplicações da impressão 3D em vários sectores:

1.4.1. Indústria aeroespacial: A indústria aeroespacial adoptou a impressão 3D para prototipagem rápida, produção de componentes leves e otimização da cadeia de fornecimento.

Empresas como a SpaceX e a Boeing utilizam o fabrico aditivo para produzir componentes complexos de motores de foguetões, interiores de aeronaves e peças estruturais com peso reduzido e melhor desempenho.

1.4.2. Setor automóvel: No sector automóvel, a impressão 3D é utilizada para a criação de protótipos, ferramentas e produção de peças de baixo volume. Os fabricantes de automóveis, como a BMW, a Audi e a Ford, utilizam o fabrico aditivo para produzir gabaritos e acessórios personalizados, otimizar o design dos veículos e criar componentes leves para veículos eléctricos.

1.4.3. Cuidados de saúde: A impressão 3D revolucionou os cuidados de saúde ao permitir a produção de implantes, próteses e guias cirúrgicos específicos para cada doente. Os profissionais médicos utilizam o fabrico aditivo para criar implantes personalizados para cirurgias ortopédicas e dentárias, próteses personalizadas e modelos anatómicos para planeamento e treino cirúrgico.

1.4.4. Bens de consumo: A indústria de bens de consumo utiliza a impressão 3D para personalização de produtos e prototipagem rápida. Empresas como a Nike e a Adidas utilizam o fabrico aditivo para produzir calçado e equipamento desportivo à medida, enquanto os designers de jóias o utilizam para criar designs complexos e únicos.

1.4.5. Educação: Os estabelecimentos de ensino utilizam a impressão 3D para melhorar a aprendizagem e a criatividade. Os estudantes e educadores podem utilizar as impressoras 3D para dar vida às suas ideias, explorar conceitos de ciência e engenharia e ganhar experiência prática com a criação de protótipos e o design.

Capítulo 2.
Fundamentos da tecnologia de impressão 3D

2.1. Princípios do fabrico de aditivos:

O fabrico aditivo, também conhecido como impressão 3D, é um processo de fabrico revolucionário que constrói objectos camada a camada a partir de desenhos digitais. Ao contrário dos métodos tradicionais de fabrico subtrativo, que envolvem o corte de material de um bloco sólido, o fabrico aditivo adiciona material de forma incremental, resultando em menos desperdício e maior flexibilidade de design.

O princípio fundamental do fabrico aditivo reside na sua abordagem camada a camada para a construção de objectos. O processo começa com um modelo digital 3D criado com recurso a software de desenho assistido por computador (CAD) ou obtido a partir de uma digitalização 3D. Este modelo digital é depois cortado em finas camadas horizontais utilizando um software especializado, gerando um conjunto de instruções para a impressora 3D.

A impressora 3D constrói então o objeto camada a camada, normalmente utilizando materiais como plástico, metal ou resina. Cada camada é depositada ou solidificada de acordo com as instruções fornecidas pelo software de corte, construindo gradualmente a forma pretendida. Depois de todas as camadas terem sido impressas, o objeto é retirado da impressora e pode ser submetido a etapas de pós-processamento, como limpeza, cura ou acabamento.

Os princípios do fabrico de aditivos oferecem várias vantagens importantes em relação aos métodos de fabrico tradicionais, incluindo:

- Flexibilidade de conceção: O fabrico aditivo permite a criação de geometrias complexas e desenhos intrincados que seriam difíceis ou impossíveis de produzir utilizando métodos tradicionais.
- Personalização: O fabrico aditivo permite a produção de peças personalizadas e customizadas, adaptadas às preferências individuais ou a requisitos específicos.

- Prototipagem rápida: O fabrico aditivo permite uma iteração e prototipagem rápidas, permitindo aos designers e engenheiros testar e aperfeiçoar rapidamente os seus projectos antes de se comprometerem com a produção em grande escala.
- Redução de resíduos: O fabrico aditivo produz menos resíduos em comparação com os métodos de fabrico subtractivos, uma vez que apenas é utilizado o material necessário para construir o objeto.
- Produção a pedido: O fabrico aditivo permite a produção a pedido, reduzindo a necessidade de grandes inventários e permitindo cadeias de abastecimento mais eficientes.

Embora o fabrico aditivo ofereça inúmeras vantagens, também tem limitações e desafios que devem ser considerados:

- Limitações dos materiais: A gama de materiais disponíveis para o fabrico de aditivos é mais limitada em comparação com os métodos de fabrico tradicionais, em especial no caso dos materiais metálicos e cerâmicos.
- Acabamento da superfície: As peças fabricadas de forma aditiva podem ter acabamentos de superfície mais ásperos em comparação com as peças produzidas através de métodos tradicionais, exigindo etapas adicionais de pós-processamento para alcançar a qualidade de superfície desejada.
- Limitações de tamanho: O tamanho dos objectos que podem ser produzidos utilizando o fabrico aditivo é limitado pelo tamanho do volume de construção da impressora 3D, tornando-a menos adequada para a produção em grande escala de peças volumosas.
- Rapidez: Os processos de fabrico aditivo podem ser mais lentos em comparação com os métodos de fabrico tradicionais, especialmente para peças complexas ou de grande escala, o que leva a prazos de produção mais longos.

Apesar destas limitações, o fabrico aditivo continua a evoluir e a expandir as suas capacidades, impulsionado pelos avanços na tecnologia, ciência dos materiais e otimização de processos.

2.2. Tipos de processos de impressão 3D:

Existem vários tipos diferentes de processos de impressão 3D, cada um com as suas próprias caraterísticas, vantagens e limitações. Alguns dos processos de impressão 3D mais comuns incluem:

- **Estereolitografia (SLA):** A estereolitografia é uma das primeiras tecnologias de impressão 3D, utilizando um laser UV para solidificar camadas de resina líquida de fotopolímero. A SLA produz peças de alta resolução com acabamentos de superfície suaves e é normalmente utilizada para a criação de protótipos e produção de modelos em pequena escala.
- **Modelação por deposição fundida (FDM):** A Modelação por Deposição Fundida extrude filamentos termoplásticos através de um bocal aquecido, construindo camadas de material para criar o objeto desejado. A FDM é amplamente utilizada para prototipagem rápida, testes funcionais e produção de baixo volume devido à sua acessibilidade e facilidade de utilização.
- **Sinterização selectiva por laser (SLS):** A sinterização selectiva por laser utiliza um laser de alta potência para fundir seletivamente materiais em pó, como o plástico ou o metal, em camadas sólidas. A SLS é capaz de produzir geometrias complexas e peças funcionais com elevada resistência mecânica e é normalmente utilizada em aplicações aeroespaciais, automóveis e médicas.
- **Processamento digital de luz (DLP):** O Processamento Digital de Luz utiliza um projetor de luz digital para curar camadas de resina fotossensível, semelhante ao SLA. O DLP oferece tempos de construção rápidos e impressões de alta resolução, tornando-o adequado para aplicações que requerem detalhes finos e caraterísticas intrincadas.
- **Jato de aglutinante:** O jato de ligante deposita um agente de ligação num leito de pó, ligando seletivamente as partículas de pó para formar o objeto desejado. O Binder Jetting é utilizado para produzir moldes de metal, cerâmica e areia para aplicações de fundição, bem como para criar protótipos a cores e modelos arquitectónicos.
- **Jato de material:** O jato de material utiliza várias cabeças de impressão para depositar gotículas de fotopolímero líquido numa plataforma de construção, que são depois solidificadas com luz UV. A jato de material produz peças de alta resolução com

acabamentos de superfície lisos e é normalmente utilizada para produzir protótipos, moldes e peças funcionais.

- **Sinterização direta de metal a laser (DMLS):** A Sinterização Direta de Metal a Laser utiliza um laser de alta potência para fundir seletivamente pó metálico em camadas sólidas, permitindo a produção de peças metálicas complexas com elevadas propriedades mecânicas. A DMLS é amplamente utilizada nas indústrias aeroespacial, automóvel e médica para a produção de peças e componentes de utilização final.

Cada processo de impressão 3D oferece capacidades e vantagens únicas, permitindo uma vasta gama de aplicações em todos os sectores. A escolha do processo depende de factores como os requisitos de material, a complexidade da peça, o acabamento da superfície e o volume de produção.

2.3. Materiais utilizados na impressão 3D:

Os materiais de impressão 3D existem numa variedade de tipos, cada um oferecendo diferentes propriedades e caraterísticas adequadas a aplicações específicas. Alguns dos materiais mais utilizados na impressão 3D incluem:

- **Plásticos:** Os plásticos como o ABS, PLA, PETG e Nylon são amplamente utilizados nos processos de impressão 3D FDM e SLA devido à sua acessibilidade, facilidade de utilização e versatilidade. Estes materiais oferecem uma gama de propriedades mecânicas, cores e acabamentos, tornando-os adequados para a criação de protótipos, peças funcionais e produtos de consumo.
- **Metais:** Metais como o alumínio, o titânio, o aço inoxidável e o Inconel são utilizados em processos de impressão 3D em metal, como SLS e DMLS. A impressão 3D em metal oferece uma elevada resistência mecânica, resistência térmica e resistência à corrosão, tornando-a ideal para aplicações aeroespaciais, automóveis e médicas.
- **Cerâmica:** As cerâmicas como a alumina, a zircónia e o carboneto de silício são utilizadas em processos de impressão 3D em cerâmica, como o jato de aglutinante e a estereolitografia. A impressão 3D em cerâmica oferece resistência a altas temperaturas,

estabilidade química e biocompatibilidade, tornando-a adequada para aplicações na engenharia aeroespacial, eletrónica e biomédica.

- **Resinas:** As resinas, como epóxi, acrílico e uretano, são utilizadas nos processos de impressão 3D SLA e DLP. As resinas oferecem alta resolução, detalhes finos e acabamentos de superfície suaves, tornando-as ideais para a produção de protótipos, jóias e modelos dentários.

- **Compósitos:** Os materiais compósitos, como a fibra de carbono, a fibra de vidro e o Kevlar, são utilizados nos processos de impressão 3D FDM e SLS para melhorar as propriedades mecânicas, como a força, a rigidez e a resistência ao impacto. A impressão 3D de compósitos é normalmente utilizada nas indústrias aeroespacial, automóvel e de artigos desportivos.

A escolha do material depende de factores como as propriedades mecânicas, a resistência química, a estabilidade térmica e o custo, bem como dos requisitos específicos da aplicação.

2.4. Vantagens e limitações da tecnologia de impressão 3D:

A impressão 3D oferece inúmeras vantagens em relação aos métodos de fabrico tradicionais, incluindo:

- Flexibilidade de design: A impressão 3D permite a criação de geometrias complexas e designs intrincados que seriam difíceis ou impossíveis de produzir utilizando métodos tradicionais.
- Personalização: A impressão 3D permite a produção de peças customizadas e personalizadas, adaptadas às preferências individuais ou requisitos específicos.
- Prototipagem rápida: A impressão 3D permite uma iteração e prototipagem rápidas, permitindo aos designers e engenheiros testar e aperfeiçoar rapidamente os seus projectos antes de se comprometerem com a produção em grande escala.
- Redução de resíduos: a impressão 3D produz menos resíduos em comparação com os métodos de fabrico subtractivos, uma vez que apenas é utilizado o material necessário para construir o objeto.

- Produção a pedido: A impressão 3D permite a produção a pedido, reduzindo a necessidade de grandes stocks e permitindo cadeias de fornecimento mais eficientes.

No entanto, a impressão 3D também tem limitações e desafios que devem ser considerados:

- Limitações dos materiais: A gama de materiais disponíveis para a impressão 3D é mais limitada em comparação com os métodos de fabrico tradicionais, em especial no caso dos materiais metálicos e cerâmicos.
- Acabamento da superfície: As peças fabricadas aditivamente podem ter acabamentos de superfície mais rugosos do que as peças produzidas através de métodos tradicionais, exigindo etapas adicionais de pós-processamento para atingir a qualidade de superfície desejada.
- Limitações de tamanho: O tamanho dos objectos que podem ser produzidos utilizando a impressão 3D é limitado pelo tamanho do volume de construção da impressora 3D, tornando-a menos adequada para a produção em grande escala de peças volumosas.
- Velocidade: Os processos de impressão 3D podem ser mais lentos em comparação com os métodos de fabrico tradicionais, especialmente para peças complexas ou de grande escala, o que leva a prazos de produção mais longos.

Apesar destas limitações, a impressão 3D continua a evoluir e a expandir as suas capacidades, impulsionada pelos avanços na tecnologia, ciência dos materiais e otimização de processos. À medida que a tecnologia amadurece, espera-se que desempenhe um papel cada vez mais significativo no fabrico em todas as indústrias, oferecendo novas possibilidades de inovação, personalização e sustentabilidade.

3.1. Estereolitografia (SLA):

A estereolitografia (SLA) é uma das técnicas de impressão 3D mais antigas e mais utilizadas. Funciona com base no princípio da fotopolimerização, em que é utilizado um laser UV para solidificar camadas de resina líquida de fotopolímero. O processo começa com uma cuba de resina líquida, que é curada seletivamente pelo laser UV de acordo com um modelo 3D digital. Assim que uma camada é curada, a plataforma de construção desce ligeiramente e o processo repete-se até o objeto estar totalmente formado.

A SLA oferece várias vantagens, incluindo alta resolução, acabamentos de superfície suaves e a capacidade de produzir detalhes intrincados e geometrias complexas. É normalmente utilizada para prototipagem rápida, desenvolvimento de produtos e criação de padrões principais para aplicações de fundição. No entanto, a SLA tem limitações, tais como opções limitadas de materiais, suscetibilidade à deformação e contração e a necessidade de pós-processamento para remover estruturas de suporte e curar a peça final.

3.2. Modelação por deposição fundida (FDM):

A modelação por deposição fundida (FDM) é uma das técnicas de impressão 3D mais utilizadas, conhecida pela sua acessibilidade, facilidade de utilização e versatilidade. Na FDM, o filamento termoplástico é extrudido através de um bocal aquecido e depositado camada a camada para construir o objeto desejado. O material é depositado numa plataforma de construção, onde arrefece rapidamente e solidifica para formar cada camada.

O FDM oferece várias vantagens, incluindo uma vasta gama de opções de materiais, um baixo custo de entrada e a capacidade de produzir peças de grandes dimensões com equipamento relativamente simples. É normalmente utilizada para prototipagem rápida, testes funcionais e produção de baixo volume de peças e componentes. No entanto, a FDM tem limitações, tais como uma resolução mais baixa em comparação com outras técnicas, linhas de camadas visíveis nas peças acabadas e resistência e durabilidade limitadas das peças impressas em comparação com as peças moldadas por injeção.

3.3. Sinterização selectiva por laser (SLS):

A sinterização selectiva a laser (SLS) é uma técnica de impressão 3D que utiliza um laser de alta potência para fundir seletivamente materiais em pó, como plástico, metal ou cerâmica, em camadas sólidas. O processo começa com um leito de material em pó, que é espalhado uniformemente pela plataforma de construção. Em seguida, um laser funde seletivamente o material em pó, de acordo com um modelo digital 3D, para criar cada camada do objeto.

A SLS oferece várias vantagens, incluindo a capacidade de produzir geometrias complexas, peças funcionais com elevadas propriedades mecânicas e uma vasta gama de materiais, incluindo plásticos de engenharia e ligas metálicas. É normalmente utilizada nas indústrias aeroespacial, automóvel e médica para produzir peças de utilização final, ferramentas e protótipos. No entanto, a SLS tem limitações, tais como custos mais elevados de equipamento e material, tempos de construção mais longos em comparação com outras técnicas e a necessidade de pós-processamento para remover o excesso de pó e melhorar o acabamento da superfície.

3.4. Processamento digital da luz (DLP):

O Processamento Digital de Luz (DLP) é uma técnica de impressão 3D semelhante à SLA, mas em vez de utilizar um laser UV para curar a resina líquida, utiliza um projetor de luz digital para curar seletivamente camadas de resina fotossensível. O processo começa com uma cuba de resina líquida, que é exposta à luz UV do projetor, solidificando-a de acordo com um modelo 3D digital.

A DLP oferece várias vantagens, incluindo tempos de construção rápidos, alta resolução e a capacidade de produzir peças detalhadas com acabamentos de superfície suaves. É normalmente utilizada para produzir protótipos, jóias, modelos dentários e outras aplicações que requerem detalhes finos e caraterísticas intrincadas. No entanto, a DLP tem limitações, tais como opções de materiais limitadas, suscetibilidade à deformação e contração e a necessidade de pós-processamento para remover estruturas de suporte e curar a peça final.

3.5. Jato de ligante:

O jato de aglutinante é uma técnica de impressão 3D que utiliza um agente aglutinante líquido para unir seletivamente materiais em pó para formar camadas sólidas. O processo começa com uma fina camada de material em pó espalhada uniformemente pela plataforma de construção. Em seguida, uma cabeça de impressão deposita um agente aglutinante líquido sobre o material em pó, de acordo com um modelo 3D digital, para criar cada camada do objeto.

O Binder Jetting oferece várias vantagens, incluindo a capacidade de produzir peças de grandes dimensões com alta resolução, uma vasta gama de materiais, incluindo metais, cerâmicas e compósitos, e a capacidade de produzir geometrias e estruturas internas complexas. É normalmente utilizado para produzir peças de metal e cerâmica para aplicações aeroespaciais, automóveis e médicas, bem como para criar protótipos a cores e modelos arquitectónicos. No entanto, o jato de aglutinante tem limitações, tais como propriedades mecânicas inferiores às de outras técnicas, tempos de construção mais longos para peças de grandes dimensões e a necessidade de pós-processamento para remover o excesso de pó e melhorar o acabamento da superfície.

3.6. Jato de material:

O jato de material é uma técnica de impressão 3D que utiliza várias cabeças de impressão para depositar gotículas de fotopolímero líquido numa plataforma de construção, que são depois solidificadas com luz UV. O processo começa com um reservatório de fotopolímero líquido, que é depositado seletivamente na plataforma de construção de acordo com um modelo 3D digital.

O jato de material oferece várias vantagens, incluindo alta resolução, detalhes finos e a capacidade de produzir peças com vários materiais e cores. É normalmente utilizado para produzir protótipos, moldes e peças funcionais que requerem elevada precisão e acabamento superficial. No entanto, o jato de material tem limitações, tais como custos de material mais elevados, tempos de construção mais lentos em comparação com outras técnicas e a necessidade de pós-processamento para remover estruturas de suporte e curar a peça final.

3.7. Sinterização direta de metais por laser (DMLS):

A sinterização direta de metal a laser (DMLS) é uma técnica de impressão 3D que utiliza um laser de alta potência para fundir seletivamente pó metálico em camadas sólidas. O processo começa com um leito de pó metálico espalhado uniformemente pela plataforma de construção. Em seguida, um laser funde seletivamente o metal em pó, de acordo com um modelo digital 3D, para criar cada camada do objeto.

A DMLS oferece várias vantagens, incluindo a capacidade de produzir geometrias complexas, peças metálicas funcionais com elevadas propriedades mecânicas e uma vasta gama de materiais, incluindo aço inoxidável, titânio e ligas de alumínio. É normalmente utilizado nas indústrias aeroespacial, automóvel e médica para produzir peças de utilização final, ferramentas e protótipos. No entanto, a DMLS tem limitações, como custos mais elevados de equipamento e material, tempos de construção mais longos em comparação com outras técnicas e a necessidade de pós-processamento para remover o excesso de pó e melhorar o acabamento da superfície.

3.8. Fusão por feixe de electrões (EBM):

A fusão por feixe de electrões (EBM) é uma técnica de impressão 3D semelhante à DMLS, mas em vez de utilizar um laser para fundir seletivamente o pó metálico, utiliza um feixe de electrões. O processo começa com um leito de pó metálico espalhado uniformemente pela plataforma de construção. Em seguida, um feixe de electrões funde seletivamente o metal em pó, de acordo com um modelo digital 3D, para criar cada camada do objeto.

A EBM oferece várias vantagens, incluindo a capacidade de produzir peças de grandes dimensões com elevadas propriedades mecânicas, tensão residual e distorção reduzidas em comparação com outras técnicas, e uma vasta gama de materiais, incluindo titânio e ligas de cobalto-crómio. É normalmente utilizada nas indústrias aeroespacial, médica e automóvel para produzir peças de utilização final, ferramentas e protótipos. No entanto, a EBM tem limitações, tais como custos mais elevados de equipamento e material, tempos de construção mais longos em comparação com outras técnicas e a necessidade de pós-processamento para remover o excesso de pó e melhorar o acabamento da superfície.

Capítulo 4.

Considerações sobre o design para impressão 3D

4.1. Princípios de conceção para fabrico de aditivos (DFAM):

O design para fabrico aditivo (DFAM) é um conjunto de princípios e diretrizes que visam otimizar os designs para os processos de impressão 3D. Ao contrário dos métodos de fabrico tradicionais, que podem impor restrições ao design devido a limitações na maquinagem ou nas ferramentas, o fabrico aditivo oferece maior liberdade e flexibilidade de design. Ao compreender as capacidades e limitações das tecnologias de impressão 3D, os designers podem criar peças e componentes optimizados para o fabrico aditivo, o que resulta num melhor desempenho, custos de produção reduzidos e prazos de entrega mais rápidos.

Alguns dos princípios fundamentais do DFAM incluem:

- **A complexidade é gratuita:** Ao contrário dos métodos de fabrico tradicionais, que podem implicar custos adicionais para geometrias complexas ou designs intrincados, os processos de fabrico aditivo têm normalmente custos consistentes, independentemente da complexidade da peça. Os designers são encorajados a tirar partido desta liberdade para criar designs optimizados que maximizem a funcionalidade e o desempenho.

- **Consolidação de peças:** O fabrico aditivo permite a produção de conjuntos complexos como peças únicas e integradas, reduzindo a necessidade de montagem e de fixadores. Ao consolidar vários componentes numa única peça, os designers podem simplificar os processos de montagem, reduzir o desperdício de material e melhorar o desempenho geral da peça.

- **Otimização topológica:** A otimização topológica é uma abordagem de design que utiliza algoritmos para otimizar a disposição do material num determinado espaço de design, resultando em peças leves, estruturalmente eficientes e funcionalmente optimizadas. Os processos de fabrico aditivo são adequados para a otimização da topologia, uma vez que permitem a criação de geometrias internas complexas e estruturas em rede que seriam difíceis ou impossíveis de produzir utilizando métodos tradicionais.

- **Conceção das propriedades dos materiais:** Os processos de fabrico aditivo oferecem uma vasta gama de opções de materiais, cada um com as suas próprias propriedades e caraterísticas únicas. Os projectistas devem considerar cuidadosamente as propriedades mecânicas, térmicas e químicas do material selecionado ao conceberem peças e componentes, garantindo que o design final cumpre os requisitos de desempenho da aplicação.

Ao incorporar os princípios DFAM no processo de design, os designers podem otimizar peças e componentes para o fabrico aditivo, desbloqueando todo o potencial da tecnologia de impressão 3D e obtendo resultados superiores.

4.2. Complexidade geométrica e liberdade de conceção:

Uma das vantagens mais significativas do fabrico de aditivos é a sua capacidade de produzir peças com geometrias complexas e desenhos intrincados que seriam difíceis ou impossíveis de obter utilizando métodos de fabrico tradicionais. Ao contrário dos processos de fabrico subtrativo, que se baseiam no corte de material de um bloco sólido, o fabrico aditivo constrói peças camada a camada, permitindo uma maior liberdade e flexibilidade de conceção.

Os processos de fabrico aditivo podem produzir peças com caraterísticas como canais internos, estruturas em rede e formas orgânicas que seriam difíceis ou impossíveis de criar utilizando métodos tradicionais. Esta capacidade permite aos projectistas otimizar as peças para critérios de desempenho específicos, como a redução do peso, a gestão térmica ou o fluxo de fluidos.

Os designers podem tirar partido da complexidade geométrica para criar peças leves, estruturalmente eficientes e funcionalmente optimizadas. Ao otimizar os designs para o fabrico aditivo, os designers podem reduzir a utilização de materiais, melhorar o desempenho das peças e minimizar os custos de produção.

No entanto, é essencial equilibrar a complexidade geométrica com considerações como o tempo de construção, a utilização de materiais e os requisitos de pós-processamento. Embora os processos de fabrico aditivo ofereçam uma maior liberdade de conceção do que os métodos tradicionais, as concepções demasiado complexas podem resultar em tempos de construção mais longos, custos de material mais elevados e maior risco de defeitos.

4.3. Estruturas de apoio e orientação da construção:

As estruturas de suporte são estruturas temporárias utilizadas para suportar caraterísticas salientes e evitar o empeno ou a deformação durante o processo de impressão 3D. No fabrico aditivo, as estruturas de suporte são necessárias para peças com geometrias salientes ou caraterísticas que não podem ser construídas diretamente na plataforma de construção.

A orientação de uma peça durante o processo de impressão pode ter um impacto significativo na qualidade de impressão, no tempo de construção e na utilização de material. Os designers devem considerar cuidadosamente a orientação da peça em relação à plataforma de construção e a direção das caraterísticas salientes para minimizar a necessidade de estruturas de suporte e otimizar a eficiência da construção.

Ao orientar estrategicamente as peças durante o processo de impressão, os designers podem minimizar a quantidade de material de suporte necessário, reduzir o tempo de impressão e melhorar o acabamento da superfície. Além disso, a otimização da orientação da construção pode ajudar a minimizar o risco de defeitos como deformações, ondulações ou desalinhamento de camadas, resultando em peças de maior qualidade.

Os projectistas devem também considerar os requisitos de pós-processamento ao determinar a orientação da construção. As peças impressas com determinadas orientações podem exigir material de suporte adicional ou passos de pós-processamento para obter o acabamento de superfície ou a precisão dimensional pretendidos.

4.4. Seleção e propriedades dos materiais:

A seleção de materiais é uma consideração crítica no fabrico aditivo, uma vez que os diferentes materiais oferecem propriedades e caraterísticas variáveis adequadas a aplicações específicas. Os processos de fabrico aditivo suportam uma vasta gama de materiais, incluindo plásticos, metais, cerâmicas e compósitos, cada um com o seu conjunto único de propriedades mecânicas, térmicas e químicas.

Ao selecionar um material para um projeto de impressão 3D, os designers devem ter em conta factores como

- Propriedades mecânicas: Os materiais devem ter a resistência mecânica, a rigidez e a durabilidade necessárias para a aplicação pretendida. Por exemplo, as peças sujeitas a cargas ou tensões elevadas podem exigir materiais com elevada resistência à tração ou ao impacto.
- Propriedades térmicas: Os materiais devem ter a condutividade térmica, a estabilidade térmica e a resistência ao calor necessárias para suportar as condições de funcionamento, tais como flutuações de temperatura ou ciclos térmicos.
- Compatibilidade química: Os materiais devem ser compatíveis com o ambiente a que se destinam e com quaisquer produtos químicos ou substâncias com que possam entrar em contacto durante a utilização. Por exemplo, os materiais utilizados em aplicações médicas ou aeroespaciais podem exigir biocompatibilidade ou resistência a produtos químicos agressivos.
- Requisitos de pós-processamento: Os materiais devem ser compatíveis com quaisquer técnicas de pós-processamento ou processos de acabamento necessários para obter o acabamento superficial, a precisão dimensional ou as propriedades mecânicas desejadas.

Ao selecionar cuidadosamente o material adequado para um projeto de impressão 3D, os designers podem garantir que a peça final cumpre os requisitos de desempenho da aplicação e alcança os resultados desejados.

4.5. Técnicas de pós-processamento:

As técnicas de pós-processamento são utilizadas para melhorar o acabamento da superfície, a precisão dimensional e as propriedades mecânicas das peças impressas em 3D. Embora os processos de fabrico aditivo ofereçam muitas vantagens, incluindo a capacidade de produzir geometrias complexas e desenhos intrincados, as peças podem necessitar de processos de acabamento adicionais para obter os resultados desejados.

Algumas técnicas comuns de pós-processamento de peças impressas em 3D incluem:

- Acabamento da superfície: As técnicas de acabamento da superfície, como lixar, polir ou pintar, podem ser utilizadas para melhorar o acabamento da superfície das peças impressas em 3D, removendo linhas de camadas, superfícies rugosas ou imperfeições.
- Remoção do suporte: As estruturas de suporte utilizadas durante o processo de impressão devem ser removidas cuidadosamente para evitar danificar a peça final. As técnicas de remoção de suportes, como o corte manual, a dissolução química ou a retificação mecânica, podem ser utilizadas para remover as estruturas de suporte, minimizando os danos na peça.
- Tratamento térmico: Os processos de tratamento térmico, como o recozimento ou o alívio de tensões, podem ser utilizados para melhorar as propriedades mecânicas das peças metálicas impressas em 3D, reduzindo as tensões residuais e aumentando a resistência, a tenacidade ou a ductilidade.
- Maquinação: Os processos de maquinagem, como a fresagem, o torneamento ou a perfuração, podem ser utilizados para obter tolerâncias apertadas, dimensões precisas ou acabamentos de superfície específicos em peças impressas em 3D. A maquinagem pode ser necessária para peças com caraterísticas críticas ou geometrias complexas que não podem ser obtidas utilizando apenas o fabrico aditivo.
- Revestimento de superfícies: As técnicas de revestimento de superfícies, como a galvanização, a anodização ou o revestimento em pó, podem ser utilizadas para melhorar as propriedades da superfície das peças impressas em 3D, adicionando resistência à corrosão, resistência ao desgaste ou atrativo estético.

Ao incorporar técnicas de pós-processamento no processo de fabrico, os designers podem garantir que as peças impressas em 3D cumprem os padrões de qualidade desejados e os requisitos de desempenho da aplicação. Além disso, as técnicas de pós-processamento podem ajudar a ultrapassar as limitações dos processos de fabrico aditivo, como a rugosidade da superfície, a precisão dimensional ou as propriedades mecânicas, permitindo aos designers obter resultados superiores.

Capítulo 5.
Aplicações da impressão 3D

5.1. Prototipagem e fabrico rápido de ferramentas:

Uma das primeiras e mais comuns aplicações da impressão 3D é a prototipagem e o fabrico rápido de ferramentas. Os métodos tradicionais de prototipagem envolvem frequentemente processos morosos e dispendiosos, como a maquinagem CNC ou a moldagem por injeção. A impressão 3D oferece uma alternativa mais rápida e económica, permitindo aos designers e engenheiros iterar e aperfeiçoar rapidamente os seus designs antes de se comprometerem com a produção em grande escala.

Na prototipagem, a impressão 3D permite a criação de modelos físicos e protótipos com geometrias complexas e detalhes intrincados que representam com precisão o produto final. Isto permite aos designers visualizarem e testarem os seus projectos no mundo real, identificarem potenciais problemas e fazerem os ajustes necessários antes de passarem à produção.

No fabrico rápido de ferramentas, a impressão 3D é utilizada para produzir moldes, gabaritos, acessórios e outros componentes de ferramentas utilizados nos processos de fabrico. Ao utilizar a impressão 3D para ferramentas rápidas, os fabricantes podem reduzir significativamente os prazos de entrega, os custos e as restrições de design associadas aos métodos de ferramentas tradicionais. Além disso, as ferramentas impressas em 3D podem ser personalizadas e optimizadas para aplicações específicas, melhorando a eficiência e a qualidade dos processos de fabrico.

5.2. Produtos personalizados e personalização:

A impressão 3D permite a produção de produtos personalizados e bens personalizados adaptados às preferências e necessidades individuais. Ao contrário dos métodos de fabrico tradicionais, que envolvem frequentemente custos de configuração elevados e longos prazos de entrega para a personalização, a impressão 3D permite a produção a pedido de artigos únicos com um custo ou tempo adicional mínimo.

Nas indústrias de bens de consumo, como a moda, a joalharia e o calçado, a impressão 3D é utilizada para criar produtos personalizados, como sapatos à medida, jóias feitas à medida e vestuário personalizado. Ao digitalizar as medidas ou preferências individuais e traduzi-las em desenhos digitais, os fabricantes podem produzir produtos que se adaptam perfeitamente às especificações únicas de cada cliente.

Nos cuidados de saúde, a impressão 3D é utilizada para criar dispositivos médicos personalizados, próteses e implantes adaptados às caraterísticas anatómicas de cada paciente. Ao tirar partido de dados de imagiologia médica, como tomografias computorizadas ou ressonâncias magnéticas, os médicos podem conceber e produzir implantes e próteses específicos para cada doente, que oferecem maior conforto, funcionalidade e resultados.

5.3. Aplicações médicas e de cuidados de saúde:

A impressão 3D revolucionou os sectores da medicina e dos cuidados de saúde ao permitir a produção de implantes, próteses e dispositivos médicos específicos para cada doente, adaptados às necessidades individuais. Desde o planeamento pré-operatório à formação cirúrgica, a impressão 3D oferece inúmeras aplicações em várias especialidades médicas.

Na ortopedia, a impressão 3D é utilizada para criar implantes específicos para cada doente para substituições de articulações, fusões da coluna vertebral e fixação de fracturas. Ao corresponderem com precisão à anatomia do doente, os implantes impressos em 3D oferecem um melhor ajuste, estabilidade e longevidade em comparação com os implantes prontos a utilizar.

Na medicina dentária, a impressão 3D é utilizada para criar próteses dentárias personalizadas, como coroas, pontes e dentaduras. Ao digitalizar os dentes do paciente e conceber modelos digitais, os dentistas podem produzir restaurações altamente precisas e estéticas que se misturam na perfeição com a dentição natural.

Na cirurgia, a impressão 3D é utilizada para planeamento pré-operatório, simulação cirúrgica e criação de guias cirúrgicos específicos para cada doente. Através da visualização de estruturas anatómicas complexas e da prática de técnicas cirúrgicas em modelos impressos em 3D, os cirurgiões podem melhorar os resultados cirúrgicos, reduzir os tempos de operação e minimizar os riscos para os doentes.

5.4. Indústrias aeroespacial e automóvel:

A impressão 3D revolucionou as indústrias aeroespacial e automóvel ao permitir a produção de componentes leves, complexos e de elevado desempenho que são difíceis ou impossíveis de fabricar utilizando métodos tradicionais. Desde motores de aviões a protótipos automóveis, a impressão 3D oferece inúmeras aplicações em ambas as indústrias.

No sector aeroespacial, a impressão 3D é utilizada para produzir componentes estruturais, peças de motor e interiores de aeronaves com peso reduzido e melhor desempenho. Ao utilizar materiais avançados como o titânio, o alumínio e os compósitos, os fabricantes do sector aeroespacial podem conseguir poupanças de peso significativas, melhorias na eficiência do combustível e reduções de custos.

No sector automóvel, a impressão 3D é utilizada para a criação rápida de protótipos, ferramentas e produção de baixo volume de peças e componentes. Desde carros conceptuais a protótipos funcionais, a impressão 3D permite aos designers e engenheiros iterar e testar rapidamente os seus projectos, reduzindo o tempo de colocação no mercado e os custos de desenvolvimento.

5.5. Arquitetura e construção:

A impressão 3D está a revolucionar as indústrias da arquitetura e da construção, permitindo a produção de estruturas complexas, protótipos e componentes de construção com uma velocidade e eficiência sem precedentes. Desde modelos arquitectónicos a edifícios à escala real, a impressão 3D oferece inúmeras aplicações em ambas as indústrias.

Na arquitetura, a impressão 3D é utilizada para criar modelos arquitectónicos detalhados, protótipos à escala e fachadas complexas que representam com precisão a visão do designer. Ao traduzir desenhos digitais em modelos físicos, os arquitectos podem visualizar e comunicar as suas ideias de forma mais eficaz, melhorando o envolvimento do cliente e os resultados do projeto.

Na construção, a impressão 3D é utilizada para produzir componentes de construção, como paredes, pisos e fachadas, utilizando materiais avançados, como betão, cimento e polímeros. Ao utilizar impressoras 3D em grande escala e técnicas de construção robótica, os construtores podem reduzir os tempos de construção, os custos de mão de obra e o desperdício de material, ao mesmo tempo que conseguem uma maior flexibilidade e personalização do design.

5.6. Bens de consumo e eletrónica:

A impressão 3D está a transformar as indústrias de bens de consumo e eletrónica, permitindo a produção de produtos personalizados, peças sobresselentes e protótipos com uma velocidade e flexibilidade sem precedentes. Desde brinquedos e gadgets a electrodomésticos, a impressão 3D oferece inúmeras aplicações em ambas as indústrias.

Nos bens de consumo, a impressão 3D é utilizada para criar produtos personalizados, tais como vestuário à medida, jóias feitas à medida e artigos de decoração exclusivos para a casa. Ao tirar partido das ferramentas de design digital e das capacidades de produção a pedido, os fabricantes podem oferecer aos consumidores produtos altamente personalizados e adaptados que reflectem os seus gostos e preferências individuais.

Na eletrónica, a impressão 3D é utilizada para produzir protótipos, invólucros e componentes para dispositivos electrónicos de consumo, tais como smartphones, tablets e wearables. Ao iterar e testar rapidamente os designs utilizando protótipos impressos em 3D, os fabricantes de produtos electrónicos podem acelerar os ciclos de desenvolvimento de produtos, reduzir o tempo de colocação no mercado e melhorar o desempenho e a fiabilidade dos produtos.

5.7. Ensino e investigação:

A impressão 3D está a revolucionar a educação e a investigação, permitindo experiências de aprendizagem práticas, exploração científica e inovação numa vasta gama de disciplinas. Desde o ensino STEM à investigação científica, a impressão 3D oferece inúmeras aplicações em ambientes académicos e industriais.

Na educação, a impressão 3D é utilizada para criar modelos educativos, materiais didácticos e materiais de aprendizagem interactivos que envolvem os alunos e melhoram os resultados da aprendizagem. Ao dar vida a conceitos abstractos através de modelos físicos e protótipos, os educadores podem proporcionar aos alunos experiências tangíveis que aprofundam a sua compreensão e retenção de temas complexos.

Na investigação, a impressão 3D é utilizada para produzir equipamento de laboratório personalizado, instrumentos científicos e protótipos experimentais que apoiam a descoberta científica e a inovação. Ao tirar partido das capacidades de flexibilidade e personalização da impressão 3D, os investigadores podem conceber e fabricar ferramentas e equipamentos especializados adaptados às suas necessidades de investigação específicas, permitindo avanços em domínios como a medicina, a engenharia e a ciência dos materiais.

Capítulo 6.
Inovações e tendências emergentes na impressão 3D

Ao longo das últimas décadas, a impressão 3D, também conhecida como fabrico aditivo, sofreu avanços significativos, passando de uma tecnologia de nicho para um processo de fabrico convencional. As inovações na ciência dos materiais, nas técnicas de impressão e nos domínios de aplicação expandiram as capacidades da impressão 3D, abrindo novas oportunidades em vários sectores. Nesta exploração abrangente, aprofundamos as mais recentes inovações e tendências emergentes na impressão 3D, incluindo avanços na ciência dos materiais, impressão multimaterial, impressão em grande escala, impressão 4D, bioimpressão, processos de fabrico híbridos e iniciativas de sustentabilidade.

6.1. Avanços em Ciência dos Materiais:

Os materiais desempenham um papel crucial no sucesso e na aplicabilidade das tecnologias de impressão 3D. Os recentes avanços na ciência dos materiais alargaram a gama de materiais disponíveis para a impressão 3D, permitindo a produção de peças e componentes com propriedades e funcionalidades melhoradas.

Fabrico de aditivos metálicos: Os metais tradicionais, como o titânio, o alumínio e o aço inoxidável, têm sido amplamente adoptados para processos de fabrico de aditivos metálicos, como a sinterização direta de metais a laser (DMLS) e a fusão por feixe de electrões (EBM). No entanto, os desenvolvimentos recentes centraram-se no desenvolvimento de novas ligas metálicas com propriedades mecânicas, resistência à corrosão e biocompatibilidade melhoradas. Por exemplo, as superligas à base de níquel e as ligas de cobalto-crómio são cada vez mais utilizadas em aplicações aeroespaciais, automóveis e médicas devido à sua elevada resistência, resistência à temperatura e propriedades de desgaste.

Fabrico Aditivo de Polímeros: Os processos de impressão 3D baseados em polímeros, como a Modelação por Deposição Fundida (FDM) e a Estereolitografia (SLA), registaram avanços significativos nos últimos anos, com o desenvolvimento de novos termoplásticos, fotopolímeros e materiais compósitos de qualidade de engenharia. Os polímeros de elevado desempenho, como o PEEK, o PEI e o Ultem, são cada vez mais utilizados em aplicações aeroespaciais, automóveis e médicas devido às suas excepcionais propriedades mecânicas, resistência química e estabilidade térmica.

Fabrico aditivo de cerâmica e compósitos: Os materiais cerâmicos e compósitos também ganharam força no fabrico aditivo, particularmente em indústrias como a aeroespacial, a eletrónica e a engenharia biomédica. Os processos de impressão 3D de cerâmica, como o jato de aglutinante e a estereolitografia, permitem a produção de componentes resistentes a altas temperaturas, quimicamente estáveis e biocompatíveis para aplicações como componentes de motores aeroespaciais e restaurações dentárias. Os materiais compósitos, como a fibra de carbono, a fibra de vidro e o Kevlar, são cada vez mais utilizados nos processos de impressão 3D FDM e SLS para melhorar as propriedades mecânicas, como a força, a rigidez e a resistência ao impacto em aplicações como peças para automóveis e artigos desportivos.

6.2. Impressão multi-material e multi-cor:

Tradicionalmente, a impressão 3D tem-se limitado à impressão de um único material e de uma única cor. No entanto, os recentes avanços nas tecnologias de impressão permitiram a integração de vários materiais e cores num único objeto impresso, abrindo novas possibilidades de personalização, funcionalidade e estética.

Impressão Multi-Material: A impressão multimaterial permite a deposição simultânea de vários materiais, possibilitando a criação de peças com geometrias complexas, propriedades graduadas e funcionalidades integradas. Técnicas como a impressão a jato de tinta e o jato de material permitem a deposição de múltiplos materiais camada a camada, possibilitando a produção de peças com propriedades mecânicas, térmicas e eléctricas variáveis. A impressão multimaterial é cada vez mais utilizada em aplicações como embalagens electrónicas, dispositivos médicos e robótica flexível, onde o controlo preciso das propriedades dos materiais é fundamental.

Impressão multicolorida: A impressão multicolor permite a deposição de várias cores ou gradientes de cor num único objeto impresso, permitindo a criação de peças visualmente impressionantes e esteticamente agradáveis. Técnicas como o jato de material e o jato de aglutinante permitem a deposição de tintas ou corantes coloridos na superfície do objeto impresso, permitindo a criação de cores vibrantes e realistas. A impressão multicolor é cada vez mais utilizada em aplicações como o design de produtos, modelos arquitectónicos e bens de consumo, onde o aspeto visual e a marca são considerações importantes.

6.3. Impressão 3D em grande escala:

Os processos tradicionais de impressão 3D têm sido limitados em termos de volume de construção, tornando-os inadequados para a produção de peças ou estruturas em grande escala. No entanto, os recentes avanços nas tecnologias de impressão permitiram o desenvolvimento de impressoras 3D de grande escala capazes de produzir peças e componentes de dimensões sem precedentes.

Impressão baseada em pórtico: As impressoras 3D baseadas em pórtico utilizam um sistema de pórtico para suportar a cabeça de impressão e a plataforma de construção, permitindo a impressão de peças de grande escala numa orientação horizontal ou vertical. Estas impressoras são frequentemente utilizadas nas indústrias da construção, aeroespacial e automóvel para produzir componentes estruturais, moldes e protótipos.

Impressão com braço robótico: As impressoras 3D baseadas em braços robóticos utilizam braços robóticos equipados com ferramentas de extrusão ou deposição para depositar material de forma precisa e controlada. Estas impressoras são frequentemente utilizadas na construção, arquitetura e instalações artísticas para produzir esculturas, edifícios e elementos arquitectónicos em grande escala.

Impressão com base em pellets: Os processos de impressão 3D baseados em pellets utilizam pellets ou grânulos de plástico como matéria-prima, permitindo a produção de peças em grande escala com custos de material e resíduos reduzidos. Estas impressoras são frequentemente utilizadas nas indústrias automóvel, aeroespacial e de fabrico para produzir ferramentas, acessórios e peças de produção.

6.4. Impressão 4D e materiais com memória de forma:

A impressão 4D é uma tecnologia emergente de fabrico aditivo que permite a criação de objectos que podem mudar de forma ou de comportamento ao longo do tempo em resposta a estímulos externos como o calor, a humidade ou a luz. Esta tecnologia de próxima geração baseia-se nos princípios da impressão 3D e da ciência dos materiais para criar estruturas dinâmicas e adaptáveis com propriedades programáveis.

Materiais com memória de forma: Os materiais com memória de forma, como as ligas com memória de forma (SMAs) e os polímeros com memória de forma (SMPs), são os principais factores da tecnologia de impressão 4D. Estes materiais apresentam a capacidade de mudar de forma ou voltar à sua forma original em resposta a alterações de temperatura, stress ou outras condições ambientais. Ao incorporar materiais com memória de forma em objectos impressos em 3D, os designers podem criar estruturas de auto-montagem, mecanismos de transformação e componentes adaptáveis para aplicações como a robótica, a indústria aeroespacial e a engenharia biomédica.

Estruturas reactivas: As estruturas reactivas são objectos impressos em 4D que podem mudar de forma, rigidez ou outras propriedades em resposta a estímulos externos como o calor, a humidade ou a luz. Estas estruturas são concebidas para se adaptarem às condições ambientais em mudança ou aos requisitos do utilizador, permitindo novas funcionalidades e aplicações. Por exemplo, os têxteis impressos em 4D com fibras SMP incorporadas podem mudar de forma em resposta a alterações de temperatura ou humidade, permitindo vestuário adaptável, têxteis inteligentes e tecnologias vestíveis.

Aplicações biomédicas: A impressão 4D tem aplicações promissoras no domínio biomédico, onde são necessárias estruturas dinâmicas e reactivas para a administração de medicamentos, engenharia de tecidos e implantes médicos. Por exemplo, os andaimes impressos em 4D com formas e porosidades programáveis podem orientar o crescimento celular e a regeneração de tecidos em aplicações de medicina regenerativa. Do mesmo modo, os dispositivos de administração de medicamentos impressos em 4D podem libertar medicamentos de forma controlada em resposta a alterações das condições fisiológicas, melhorando a eficácia do tratamento e os resultados para os doentes.

6.5. Bioimpressão e engenharia de tecidos:

A bioimpressão é uma tecnologia emergente de fabrico aditivo que permite a deposição precisa de células vivas, biomateriais e factores de crescimento para criar estruturas 3D complexas com funcionalidade biológica. Esta tecnologia revolucionária tem o potencial de transformar a medicina regenerativa, a engenharia de tecidos e o transplante de órgãos, permitindo a produção de tecidos e órgãos personalizados para transplantes e testes de medicamentos.

Desenvolvimento de Bioink: Os bioink são materiais especializados formulados para suportar o crescimento, viabilidade e função das células durante o processo de bioimpressão. Os recentes avanços no desenvolvimento de biotintas têm-se centrado na otimização das composições de biomateriais, propriedades mecânicas e factores bioactivos para imitar o microambiente nativo dos tecidos e órgãos. Por exemplo, as biotintas à base de hidrogel compostas por polímeros naturais ou sintéticos, como o alginato, a gelatina e o ácido hialurónico, são amplamente utilizadas em aplicações de bioimpressão devido à sua biocompatibilidade, injectabilidade e propriedades ajustáveis.

Impressão de órgãos: A impressão de órgãos é um subconjunto da bioimpressão centrado no fabrico de estruturas 3D complexas, como tecidos e órgãos para transplante. Ao dispor com precisão células, biomateriais e factores de crescimento camada a camada, as impressoras de órgãos podem criar tecidos e órgãos funcionais com redes vasculares, organização celular e funcionalidade biológica. Embora o desenvolvimento de órgãos totalmente funcionais para transplante continue a ser um objetivo a longo prazo, os investigadores fizeram progressos significativos na bioimpressão de tecidos como a pele, a cartilagem e os vasos sanguíneos para aplicações de medicina regenerativa.

Modelação de doenças: A bioimpressão também surgiu como uma ferramenta valiosa para a modelação de doenças, descoberta de medicamentos e medicina personalizada. Ao utilizar células e tecidos derivados de doentes para criar modelos 3D de estados de doença como o cancro, doenças cardiovasculares e doenças neurodegenerativas, os investigadores podem compreender melhor os mecanismos da doença, identificar potenciais alvos de medicamentos e testar a eficácia das intervenções terapêuticas. Além disso, os modelos bioimpressos de órgãos num chip permitem o estudo da fisiologia ao nível dos órgãos e da resposta aos medicamentos de forma controlada e reprodutível, reduzindo a necessidade de testes em animais e acelerando o desenvolvimento de novas terapêuticas.

6.6. Processos de fabrico híbridos:

Os processos de fabrico híbrido combinam o fabrico aditivo com as técnicas tradicionais de fabrico subtrativo, como a maquinagem CNC, a fresagem e a retificação, para obter uma melhor qualidade, funcionalidade e eficiência das peças. Ao integrar os pontos fortes dos processos aditivos e subtractivos, o fabrico híbrido permite a produção de peças com geometrias complexas, tolerâncias apertadas e acabamentos de superfície superiores.

Processos aditivos + subtractivos: No fabrico híbrido, os processos aditivos e subtractivos são frequentemente utilizados sequencialmente ou em simultâneo para obter as caraterísticas desejadas das peças. Por exemplo, os processos aditivos, como a impressão 3D, podem ser utilizados para construir peças de forma quase líquida com geometrias complexas, enquanto os processos subtractivos, como a maquinagem CNC, podem ser utilizados para obter dimensões, acabamentos de superfície e tolerâncias precisas.

Compatibilidade de materiais: Os processos de fabrico híbrido permitem a utilização de uma vasta gama de materiais, incluindo metais, polímeros, cerâmicas e compósitos, para uma variedade de aplicações. Ao tirar partido da flexibilidade e das capacidades de personalização dos processos de fabrico de aditivos, os designers podem criar peças com propriedades e funcionalidades de materiais personalizadas que satisfazem os requisitos de aplicações específicas.

Aplicações: O fabrico híbrido tem inúmeras aplicações em indústrias como a aeroespacial, a automóvel e a de dispositivos médicos, onde a produção de peças de elevado desempenho com geometrias complexas e tolerâncias apertadas é fundamental. Por exemplo, o fabrico híbrido permite a produção de componentes aeroespaciais com designs optimizados, prazos de entrega reduzidos e melhor desempenho em comparação com os métodos de fabrico tradicionais. Do mesmo modo, na indústria dos dispositivos médicos, o fabrico híbrido permite a produção de implantes, próteses e instrumentos cirúrgicos específicos para cada doente, com funcionalidade e biocompatibilidade melhoradas.

6.7. Sustentabilidade e economia circular:

A sustentabilidade e a responsabilidade ambiental tornaram-se considerações cada vez mais importantes na indústria transformadora, levando ao desenvolvimento de materiais, processos e aplicações de impressão 3D sustentáveis. Desde materiais reciclados a técnicas de impressão energeticamente eficientes, a impressão 3D tem o potencial de contribuir para uma economia mais sustentável e circular.

Materiais reciclados: Os materiais reciclados, como os plásticos pós-consumo, os resíduos metálicos e os polímeros biodegradáveis, estão a ser cada vez mais utilizados nos processos de impressão 3D para reduzir o desperdício de materiais e o impacto ambiental. Ao reorientar os materiais residuais para matéria-prima para a impressão 3D, os fabricantes podem minimizar o consumo de recursos, a utilização de energia e as emissões de gases com efeito de estufa associadas aos métodos de fabrico tradicionais.

Polímeros biodegradáveis: Os polímeros biodegradáveis, como o ácido poliláctico (PLA) e os polihidroxialcanoatos (PHAs), estão a ganhar popularidade nas aplicações de impressão 3D devido à sua origem renovável, biocompatibilidade e compostabilidade. Estes materiais são utilizados numa vasta gama de aplicações, incluindo embalagens, bens de consumo e implantes biomédicos, onde a biodegradabilidade e a sustentabilidade ambiental são considerações importantes.

Técnicas de impressão com eficiência energética: As técnicas de impressão energeticamente eficientes, como a sinterização selectiva a laser (SLS) e o processamento digital de luz (DLP), minimizam o consumo de energia e o impacto ambiental, utilizando luz ou calor para fundir seletivamente partículas de material. Estas técnicas de impressão são cada vez mais utilizadas em aplicações como o fabrico automóvel, aeroespacial e eletrónico, onde a eficiência energética e a conservação de recursos são prioridades fundamentais.

Fabrico em circuito fechado: Os sistemas de fabrico em circuito fechado permitem a reciclagem e reutilização de materiais residuais gerados durante o processo de impressão 3D, minimizando o desperdício de material e o impacto ambiental. Ao recolher e processar o material em excesso, os fabricantes podem criar um sistema de ciclo fechado em que os materiais residuais são reutilizados como matéria-prima para futuros trabalhos de impressão, reduzindo a necessidade de materiais virgens e conservando os recursos naturais.

Capítulo 7.
Desafios e direcções futuras

O domínio da impressão 3D, também conhecido como fabrico de aditivos, registou um crescimento e uma inovação notáveis nos últimos anos. Desde a revolução dos processos de fabrico até ao avanço dos tratamentos médicos, a impressão 3D provou o seu potencial em vários sectores. No entanto, juntamente com a sua rápida expansão, a impressão 3D também enfrenta uma série de desafios que devem ser abordados para concretizar todo o seu potencial. Nesta exploração, aprofundamos os principais desafios que a impressão 3D enfrenta e delineamos direcções futuras para ultrapassar estes obstáculos e impulsionar o progresso contínuo.

7.1. Controlo de qualidade e certificação:

Garantir a qualidade e a fiabilidade das peças impressas em 3D é um desafio crítico que a indústria enfrenta. Ao contrário dos métodos de fabrico tradicionais, que têm processos e normas de controlo de qualidade estabelecidos, a impressão 3D apresenta desafios únicos em termos de propriedades dos materiais, precisão dimensional e acabamento da superfície.

Qualidade do material: A qualidade e a consistência dos materiais de impressão 3D podem variar significativamente, dependendo de factores como a composição da matéria-prima, o processo de fabrico e as técnicas de pós-processamento. As variações nas propriedades dos materiais podem afetar o desempenho e a fiabilidade das peças, tornando essencial o estabelecimento de normas de materiais e processos de certificação.

Controlo do processo: O controlo dos parâmetros do processo de impressão, como a temperatura, a velocidade e a espessura da camada, é crucial para obter resultados consistentes e reproduzíveis. No entanto, variações na calibração da impressora, nas condições ambientais e na experiência do operador podem levar a desvios na qualidade da peça e na precisão dimensional.

Pós-processamento: As técnicas de pós-processamento, como o tratamento térmico, a maquinagem e o acabamento de superfícies, desempenham um papel crucial na melhoria das propriedades mecânicas e do acabamento de superfícies das peças impressas em 3D. No entanto, as inconsistências nos métodos de pós-processamento podem introduzir defeitos e variabilidade na qualidade das peças.

Enfrentar o desafio do controlo de qualidade e da certificação requer o desenvolvimento de métodos de teste normalizados, protocolos de garantia de qualidade e estruturas de certificação específicas para a impressão 3D. Os esforços de colaboração entre as partes interessadas da indústria, as agências reguladoras e as organizações de normas são essenciais para estabelecer as melhores práticas e diretrizes para garantir a qualidade e a fiabilidade das peças impressas em 3D.

7.2. Propriedade intelectual e questões jurídicas:

A propriedade intelectual (PI) e as questões legais representam desafios significativos para a adoção e comercialização generalizadas da tecnologia de impressão 3D. A facilidade de replicar e distribuir designs digitais, juntamente com a natureza descentralizada da impressão 3D, levanta preocupações sobre a violação de direitos de autor, violações de patentes e reprodução não autorizada de trabalhos protegidos.

Gestão de direitos digitais: Estão a ser desenvolvidos sistemas de gestão de direitos digitais (DRM) e tecnologias de encriptação para proteger a propriedade intelectual no domínio digital. Estes sistemas permitem aos designers encriptar os seus ficheiros de design 3D e controlar o acesso a utilizadores autorizados, mitigando o risco de cópia e distribuição não autorizadas.

Violação de patentes: A proliferação da tecnologia de impressão 3D levou a um aumento dos registos de patentes e litígios relacionados com processos, materiais e aplicações de fabrico de aditivos. Garantir a conformidade com as patentes existentes e navegar no complexo panorama dos direitos de propriedade intelectual é essencial para as empresas que operam no sector da impressão 3D.

Conformidade regulamentar: A conformidade regulamentar é outra área de preocupação, particularmente em sectores como os cuidados de saúde e aeroespacial, onde as normas de segurança e desempenho são rigorosas. Garantir que os dispositivos médicos impressos em 3D, os componentes aeroespaciais e outras aplicações críticas cumprem os requisitos regulamentares é essencial para a aceitação do mercado e a confiança dos consumidores.

Enfrentar os desafios da propriedade intelectual e as questões legais requer uma abordagem multifacetada que envolva a colaboração entre as partes interessadas da indústria, peritos jurídicos, decisores políticos e agências reguladoras. O estabelecimento de diretrizes claras, acordos de licenciamento e mecanismos de aplicação pode ajudar a proteger os direitos de propriedade intelectual, ao mesmo tempo que promove a inovação e a criatividade no ecossistema da impressão 3D.

7.3. Normalização e regulamentação:

A normalização e a regulamentação desempenham um papel crucial na garantia da segurança, fiabilidade e interoperabilidade da tecnologia de impressão 3D. No entanto, o ritmo acelerado da inovação e as diversas aplicações da impressão 3D apresentam desafios no desenvolvimento e implementação de normas e regulamentos que sejam relevantes e eficazes em diferentes sectores e aplicações.

Normas de materiais: O estabelecimento de normas de materiais para materiais de impressão 3D é essencial para garantir a qualidade, consistência e desempenho das peças impressas. As normas de materiais definem parâmetros como a composição do material, as propriedades mecânicas e a estabilidade ambiental, fornecendo orientações para a seleção e qualificação de materiais.

Normas de processo: As normas de processo para processos de impressão 3D, como FDM, SLA e SLS, são necessárias para garantir resultados consistentes e reproduzíveis. As normas de processo definem parâmetros como a calibração da impressora, os parâmetros de construção e as técnicas de pós-processamento, permitindo que os fabricantes obtenham a qualidade e a precisão dimensional desejadas para as peças.

Regulamentos de segurança: Os regulamentos de segurança para equipamentos e instalações de impressão 3D são essenciais para proteger os operadores, os consumidores e o ambiente de potenciais perigos associados aos processos de fabrico de aditivos. Os regulamentos de segurança abordam factores como a segurança eléctrica, o controlo de emissões e o manuseamento de materiais, garantindo a conformidade com as normas de saúde e segurança.

O desenvolvimento e a implementação de métodos de teste padronizados, protocolos de garantia de qualidade e estruturas de certificação específicas para a impressão 3D requerem a colaboração entre as partes interessadas da indústria, organizações de normas e agências reguladoras. O estabelecimento de diretrizes e requisitos claros para as propriedades dos materiais, parâmetros de processo e normas de segurança pode ajudar a promover a consistência, fiabilidade e segurança na indústria da impressão 3D.

7.4. Custo e acessibilidade:

O custo e a acessibilidade continuam a ser obstáculos significativos à adoção generalizada da tecnologia de impressão 3D, especialmente para as pequenas e médias empresas (PME) e para os países em desenvolvimento. Embora o custo das impressoras 3D e dos materiais tenha diminuído significativamente nos últimos anos, barreiras como os custos de investimento inicial, as despesas operacionais e a mão de obra qualificada continuam a ser desafios para muitas organizações.

Investimento de capital: O investimento inicial necessário para adquirir impressoras 3D, materiais e software pode ser proibitivamente elevado para as PME e as empresas em fase de arranque, limitando o acesso à tecnologia de fabrico de aditivos. Além disso, as despesas correntes, como a manutenção, a formação e os custos dos materiais, podem sobrecarregar ainda mais os orçamentos limitados.

Mão de obra qualificada: A escassez de profissionais qualificados com conhecimentos especializados em tecnologia de impressão 3D, ciência dos materiais e design é outro desafio que a indústria enfrenta. Os programas de formação e as iniciativas educativas destinadas a desenvolver uma mão de obra qualificada são essenciais para responder à procura crescente de conhecimentos especializados em fabrico de aditivos.

Custos dos materiais: O custo dos materiais de impressão 3D, em particular os polímeros de elevado desempenho e os pós metálicos, pode ser dispendioso em comparação com os materiais de fabrico tradicionais. Encontrar alternativas rentáveis e otimizar a utilização de materiais é essencial para reduzir os custos de produção e melhorar a competitividade dos custos.

Reduzir o custo e melhorar a acessibilidade da tecnologia de impressão 3D requer esforços de colaboração entre as partes interessadas da indústria, agências governamentais e instituições de ensino. Iniciativas como parcerias público-privadas, incubadoras de tecnologia e programas de desenvolvimento da força de trabalho podem ajudar a reduzir as barreiras à entrada e a expandir o acesso à tecnologia de fabrico de aditivos.

7.5. Integração com a Indústria 4.0 e a IoT:

A integração com a Indústria 4.0 e a Internet das Coisas (IoT) apresenta oportunidades e desafios para o futuro da tecnologia de impressão 3D. A Indústria 4.0, caracterizada pela integração de tecnologias digitais, automação e análise de dados, oferece novas possibilidades para aumentar a produtividade, a eficiência e a agilidade no fabrico.

Tecnologia de gémeos digitais: A tecnologia de gémeos digitais permite a criação de réplicas virtuais de activos físicos, processos e sistemas, fornecendo informações em tempo real e análises preditivas para otimização e tomada de decisões. A integração da impressão 3D com a tecnologia digital twin permite aos fabricantes simular, monitorizar e otimizar os processos de fabrico aditivo num ambiente virtual, reduzindo os prazos de entrega, minimizando o desperdício e melhorando a qualidade.

Ecossistema de fabrico aditivo: A integração da impressão 3D com outras tecnologias de fabrico digital, como a maquinagem CNC, a robótica e a automação, permite a criação de fluxos de trabalho de produção e cadeias de fornecimento sem descontinuidades. Ao tirar partido das sinergias entre os processos aditivos e subtractivos, os fabricantes podem obter maior flexibilidade, escalabilidade e eficiência na produção.

Conectividade IoT: A conetividade IoT permite a monitorização, o controlo e a otimização em tempo real do equipamento e dos processos de impressão 3D, melhorando a fiabilidade, o tempo de atividade e o desempenho. Ao ligar as impressoras 3D à nuvem, os fabricantes podem monitorizar remotamente o estado da impressora, acompanhar as métricas de produção e receber alertas para manutenção e resolução de problemas, melhorando a eficiência operacional e o tempo de atividade.

Análise de dados: A análise de dados e os algoritmos de aprendizagem automática permitem a análise de grandes volumes de dados gerados durante o processo de impressão 3D, fornecendo informações sobre a variabilidade do processo, o desempenho do material e a qualidade das peças. Ao tirar partido da análise de dados, os fabricantes podem identificar tendências, prever falhas e otimizar os parâmetros de impressão para alcançar os resultados desejados.

7.6. Perspectivas e oportunidades futuras:

Apesar dos desafios que a indústria da impressão 3D enfrenta, as perspectivas e oportunidades futuras para o fabrico de aditivos são promissoras. Desde os cuidados de saúde personalizados ao fabrico sustentável, a impressão 3D tem o potencial de transformar indústrias, impulsionar a inovação e criar novas propostas de valor para empresas e consumidores.

Cuidados de saúde personalizados: A tecnologia de impressão 3D está a revolucionar os cuidados de saúde ao permitir a produção de dispositivos médicos personalizados, implantes e produtos farmacêuticos adaptados às necessidades individuais dos doentes. Desde próteses personalizadas a implantes específicos para cada doente, a impressão 3D oferece novas possibilidades para melhorar os resultados e a qualidade de vida dos doentes.

Fabrico sustentável: A impressão 3D tem o potencial de promover a sustentabilidade e os princípios da economia circular, reduzindo o desperdício de materiais, o consumo de energia e as emissões de carbono nos processos de fabrico. Desde materiais reciclados até à produção a pedido, o fabrico aditivo oferece oportunidades para minimizar o impacto ambiental e conservar os recursos naturais.

Resiliência da cadeia de fornecimento: A natureza descentralizada da impressão 3D permite o fabrico distribuído e a produção localizada, reduzindo a dependência das cadeias de fornecimento globais e mitigando os riscos associados a perturbações como desastres naturais, tensões geopolíticas e pandemias. Ao tirar partido da tecnologia de impressão 3D, as empresas podem aumentar a resiliência, agilidade e capacidade de resposta da cadeia de fornecimento às condições de mercado em constante mudança.

Personalização em massa: A impressão 3D permite a customização em massa e a personalização de produtos e serviços, permitindo que as empresas ofereçam soluções sob medida, adaptadas às preferências e exigências individuais. Desde bens de consumo personalizados a tratamentos médicos personalizados, o fabrico aditivo oferece novas oportunidades de diferenciação, envolvimento do cliente e fidelidade à marca.

Capítulo 8.

Estudos de caso e histórias de sucesso

Nos últimos anos, a impressão 3D emergiu como uma tecnologia transformadora com aplicações que abrangem várias indústrias, desde a aeroespacial e cuidados de saúde até à automóvel e bens de consumo. Através de estudos de caso e histórias de sucesso, iremos aprofundar a forma como as principais empresas e organizações estão a utilizar a impressão 3D para inovar, simplificar processos e criar valor. Desde a utilização da impressão 3D pela Boeing para componentes de aeronaves até às descobertas médicas possibilitadas pelo fabrico de aditivos, estes estudos de casos oferecem informações sobre as diversas aplicações e o potencial da tecnologia de impressão 3D.

8.1. Utilização da impressão 3D pela Boeing para componentes de aeronaves:

A Boeing, uma das maiores empresas aeroespaciais do mundo, tem estado na vanguarda da adoção da tecnologia de impressão 3D para produzir componentes de aeronaves. Com o objetivo de aumentar a eficiência, reduzir o peso e melhorar o desempenho, a Boeing integrou o fabrico aditivo em várias fases do processo de fabrico de aeronaves.

Estudo de caso: Peças de titânio impressas em 3D para o Boeing 787 Dreamliner: O 787 Dreamliner da Boeing é um excelente exemplo da utilização da impressão 3D pela empresa para componentes de aeronaves. Ao utilizar técnicas de fabrico aditivo, como a sinterização direta de metal a laser (DMLS), a Boeing conseguiu produzir peças complexas em titânio para o Dreamliner, incluindo componentes estruturais, suportes e acessórios.

A utilização da impressão 3D para peças de titânio oferece várias vantagens em relação aos métodos de fabrico tradicionais. Em primeiro lugar, o fabrico aditivo permite a produção de peças leves e de elevada resistência com geometrias complexas que seriam difíceis ou impossíveis de obter utilizando técnicas de maquinagem convencionais. Isto resulta em poupanças de peso significativas, o que se traduz numa maior eficiência do combustível e em custos operacionais reduzidos para as companhias aéreas.

Em segundo lugar, a impressão 3D permite uma rápida prototipagem e iteração de designs, permitindo aos engenheiros da Boeing otimizar as geometrias das peças para desempenho e funcionalidade. Ao reduzir o tempo e o custo associados às ferramentas tradicionais e aos processos de fabrico, o fabrico aditivo acelera o ciclo de desenvolvimento do produto e permite uma colocação mais rápida no mercado de novos modelos de aeronaves.

Por último, a impressão 3D permite a produção a pedido de peças e componentes sobresselentes, reduzindo os custos de inventário e os prazos de entrega para operações de manutenção, reparação e revisão (MRO). Ao armazenar ficheiros de design digital em vez de inventário físico, a Boeing pode fabricar rapidamente peças de substituição conforme necessário, minimizando o tempo de inatividade e melhorando a disponibilidade das aeronaves para os clientes.

A utilização da impressão 3D pela Boeing para componentes de aeronaves realça o potencial transformador do fabrico de aditivos na indústria aeroespacial. Ao adotar tecnologias e processos inovadores, a Boeing consegue melhorar o desempenho, a eficiência e a sustentabilidade das suas aeronaves, reduzindo simultaneamente os custos e melhorando a satisfação dos clientes.

8.2. Inovações médicas possibilitadas pela impressão 3D:

A indústria dos cuidados de saúde foi revolucionada pela tecnologia de impressão 3D, permitindo a produção de dispositivos médicos, implantes e modelos anatómicos específicos para cada doente. Desde próteses personalizadas a ferramentas cirúrgicas complexas, o fabrico aditivo abriu novas possibilidades para melhorar os resultados dos doentes e fazer avançar os tratamentos médicos.

Estudo de caso: Implantes específicos do paciente no Walter Reed National Military Medical Center: O Walter Reed National Military Medical Center (WRNMMC) é uma instalação médica líder que adoptou a impressão 3D para melhorar os cuidados dos pacientes e os resultados cirúrgicos. Através de uma colaboração com a Uniformed Services University (USU) e os National Institutes of Health (NIH), o WRNMMC desenvolveu uma instalação de impressão 3D de última geração para produzir implantes e guias cirúrgicos específicos para cada paciente para cirurgias reconstrutivas complexas.

Uma aplicação notável da impressão 3D no WRNMMC é a produção de implantes específicos para cada paciente para a reconstrução craniofacial. Utilizando técnicas de imagiologia avançadas, como a TAC e a ressonância magnética, os cirurgiões conseguem criar modelos 3D detalhados da anatomia dos doentes, permitindo um planeamento preciso e a personalização de implantes para corresponder à anatomia única de cada doente.

A utilização da impressão 3D para implantes específicos do doente oferece várias vantagens em relação aos métodos de fabrico tradicionais. Em primeiro lugar, o fabrico aditivo permite a produção de implantes altamente personalizados que se adaptam perfeitamente à anatomia dos doentes, reduzindo o risco de complicações como a rejeição do implante, infeção e migração do implante. Isto melhora os resultados dos pacientes e reduz a necessidade de cirurgias de revisão, resultando em estadias hospitalares mais curtas e custos de saúde mais baixos.

Em segundo lugar, a impressão 3D permite a prototipagem rápida e a iteração de designs de implantes, permitindo aos cirurgiões personalizar os implantes para um ajuste, função e estética ideais. Ao incorporar o feedback dos pacientes e as preferências cirúrgicas no processo de conceção, os cirurgiões podem garantir que os implantes satisfazem as necessidades e preferências individuais dos pacientes, aumentando a satisfação e a qualidade de vida dos mesmos.

Por último, a impressão 3D permite a produção de implantes porosos com estruturas internas complexas que promovem o crescimento e a integração óssea, melhorando a estabilidade e a longevidade dos implantes a longo prazo. Ao adaptar a porosidade, a densidade e as caraterísticas da superfície do implante para corresponder ao tecido ósseo do paciente, os cirurgiões podem obter melhores resultados e reduzir o risco de falha do implante.

A utilização da impressão 3D para implantes específicos do doente no WRNMMC demonstra o potencial transformador do fabrico de aditivos no sector dos cuidados de saúde. Ao utilizar técnicas avançadas de imagiologia, modelação computacional e tecnologias de fabrico de aditivos, os prestadores de cuidados de saúde podem oferecer tratamentos e intervenções personalizados que melhoram os resultados e a qualidade de vida dos doentes.

8.3. Aplicações do fabrico de aditivos no sector automóvel:

A indústria automóvel adoptou a tecnologia de impressão 3D para produzir componentes leves, otimizar os designs e simplificar os processos de fabrico. Desde os carros-conceito aos veículos de produção, o fabrico aditivo tornou-se parte integrante do design e da produção automóvel.

Estudo de caso: Pinça de travão do Bugatti Chiron: A Bugatti, o famoso fabricante de carros desportivos de luxo, utilizou a impressão 3D para produzir a primeira pinça de travão de titânio do mundo para o supercarro Chiron. Utilizando um processo de fusão selectiva a laser (SLM), os engenheiros da Bugatti conseguiram produzir uma pinça de travão leve e de elevada resistência que oferece um desempenho e uma durabilidade superiores em comparação com as pinças de ferro fundido tradicionais.

A utilização da impressão 3D para a pinça de travão do Chiron oferece várias vantagens em relação aos métodos de fabrico tradicionais. Em primeiro lugar, o fabrico aditivo permite a produção de geometrias complexas com caraterísticas de desempenho optimizadas, tais como estruturas internas em rede para redução de peso e dissipação de calor. Isto resulta numa redução significativa da massa não suspensa, melhorando o comportamento do veículo, a aceleração e a eficiência do combustível.

Em segundo lugar, a impressão 3D permite a rápida prototipagem e iteração de designs de pinças de travão, permitindo aos engenheiros da Bugatti otimizar o desempenho e a funcionalidade. Ao simular e testar diferentes configurações de design num ambiente virtual, os engenheiros podem identificar os parâmetros de design ideais para a resistência, rigidez e condutividade térmica, resultando numa pinça de travão que cumpre os rigorosos requisitos de desempenho do supercarro Chiron.

Por fim, a impressão 3D permite a produção a pedido de pinças de travão, reduzindo os prazos de entrega e os custos de inventário para a Bugatti. Ao armazenar ficheiros de design digital em vez de ferramentas físicas, a Bugatti pode fabricar rapidamente pinças de travão conforme necessário, minimizando o tempo de inatividade da produção e melhorando a flexibilidade de fabrico.

A utilização da impressão 3D para a pinça de travão do Bugatti Chiron mostra o potencial do fabrico aditivo na indústria automóvel. Ao utilizar materiais avançados, técnicas de otimização de design e processos de fabrico de aditivos, os fabricantes de automóveis podem produzir componentes leves e de elevado desempenho que melhoram o desempenho, a eficiência e a fiabilidade dos veículos.

8.4. Projectos de arquitetura que utilizam a impressão 3D em grande escala:

Os arquitectos e designers estão a recorrer cada vez mais à tecnologia de impressão 3D para realizar geometrias complexas, designs inovadores e métodos de construção sustentáveis. Desde pavilhões e esculturas a edifícios inteiros, o fabrico aditivo oferece novas possibilidades de expressão e construção arquitectónicas.

Estudo de caso: Ponte MX3D em Amesterdão: A ponte MX3D em Amesterdão é um projeto arquitetónico inovador que demonstra o potencial da impressão 3D para a construção em grande escala. Concebida pelo Joris Laarman Lab em colaboração com a MX3D, uma empresa de robótica holandesa, a ponte pedonal atravessa o canal Oudezijds Achterburgwal no coração do centro histórico da cidade de Amesterdão.

A ponte MX3D é fabricada utilizando uma técnica de impressão 3D robótica conhecida como fabrico aditivo de arco de arame (WAAM), que envolve a deposição de camadas de metal fundido para criar elementos estruturais. A intrincada estrutura em treliça da ponte não só fornece apoio estrutural, como também serve de elemento estético, criando um marco visualmente marcante que combina arte e engenharia.

A utilização da impressão 3D para a ponte MX3D oferece várias vantagens em relação aos métodos de construção tradicionais. Em primeiro lugar, o fabrico aditivo permite o fabrico de geometrias complexas com um desperdício mínimo de material, reduzindo o impacto ambiental e os custos de construção. Ao depositar com precisão o material apenas onde é necessário, a impressão 3D minimiza a utilização de material e o consumo de energia em comparação com as técnicas convencionais de fundição ou moldagem.

Em segundo lugar, a impressão 3D permite a rápida personalização e iteração de projectos de pontes, permitindo aos arquitectos e engenheiros otimizar o desempenho estrutural e a estética. Ao incorporar as restrições específicas do local e as preferências do utilizador no processo de design, os designers podem criar estruturas únicas e adaptadas ao local que melhoram o ambiente urbano e a experiência do utilizador.

Finalmente, a impressão 3D permite a construção da ponte MX3D de uma forma altamente automatizada e eficiente, minimizando os requisitos de mão de obra e o tempo de construção. Ao implementar impressoras 3D robóticas diretamente no local, a MX3D foi capaz de fabricar a ponte no local, eliminando a necessidade de transporte dispendioso e montagem de componentes pré-fabricados.

A ponte MX3D exemplifica o potencial transformador da impressão 3D na arquitetura e na construção. Ao ultrapassar os limites do design, dos materiais e das técnicas de fabrico, os arquitectos e designers podem criar estruturas inovadoras que redefinem o ambiente construído e inspiram as futuras gerações de designers e engenheiros.

8.5. Produtos de consumo e personalização:

A indústria de produtos de consumo adoptou a tecnologia de impressão 3D para oferecer produtos personalizados e opções de personalização aos consumidores. Desde óculos personalizados a jóias feitas à medida, o fabrico aditivo permite às marcas criar produtos únicos e exclusivos que satisfazem as preferências e gostos individuais.

Estudo de caso: Ténis Adidas Futurecraft 4D: A Adidas, uma das principais marcas de vestuário desportivo do mundo, utilizou a tecnologia de impressão 3D para produzir as sapatilhas Futurecraft 4D, um conceito de calçado revolucionário que combina desempenho, conforto e personalização. Utilizando um processo conhecido como síntese de luz digital (DLS), a Adidas consegue produzir entressolas com propriedades de amortecimento ajustadas com precisão e adaptadas às necessidades individuais dos atletas.

As sapatilhas Futurecraft 4D apresentam entressolas em forma de treliça feitas de um material elastomérico patenteado que oferece um retorno de energia, estabilidade e durabilidade superiores em comparação com as entressolas de espuma tradicionais. Ao personalizar a estrutura em treliça e as propriedades do material, a Adidas pode otimizar o amortecimento, o apoio e a capacidade de resposta para diferentes desportos e actividades.

A utilização da impressão 3D para os ténis Futurecraft 4D oferece várias vantagens em relação aos métodos tradicionais de fabrico de calçado. Em primeiro lugar, o fabrico aditivo permite a produção de geometrias complexas com propriedades mecânicas ajustadas, permitindo à Adidas criar entressolas que proporcionam um desempenho e conforto superiores.

Em segundo lugar, a impressão 3D permite a rápida prototipagem e iteração de designs de sapatilhas, permitindo à Adidas testar e aperfeiçoar rapidamente novos conceitos. Ao incorporar o feedback de atletas e consumidores no processo de design, a Adidas pode criar sapatilhas que satisfaçam as necessidades e preferências em evolução do seu público-alvo.

Por fim, a impressão 3D permite a produção a pedido de ténis personalizados, reduzindo os custos de inventário e o desperdício para a Adidas. Ao oferecer produtos personalizados e opções de personalização, a Adidas pode aumentar o envolvimento e a lealdade do cliente, impulsionando a diferenciação da marca e a quota de mercado.

Os ténis Futurecraft 4D exemplificam o potencial transformador da impressão 3D na indústria de produtos de consumo. Ao utilizar materiais avançados, técnicas de otimização de design e processos de fabrico de aditivos, a Adidas consegue oferecer produtos inovadores que ultrapassam os limites do desempenho, do conforto e da personalização.

8.6. Iniciativas educativas e projectos de investigação:

As instituições de ensino e as organizações de investigação estão a utilizar a tecnologia de impressão 3D para facilitar a aprendizagem prática, promover a colaboração interdisciplinar e fazer avançar a investigação científica. Desde projectos de sala de aula a iniciativas de investigação de ponta, o fabrico aditivo oferece novas oportunidades de inovação e descoberta.

Estudo de caso: Plataforma de construção digital do MIT: O Mediated Matter Group do MIT é pioneiro na utilização da tecnologia de impressão 3D para aplicações de arquitetura e construção através da sua Digital Construction Platform (DCP). A DCP combina técnicas de fabrico robótico com materiais avançados e ferramentas de design computacional para criar estruturas de grande escala com níveis de complexidade e personalização sem precedentes.

Um projeto notável levado a cabo pelo Mediated Matter Group é o Digital Construction of a Concrete Latent Heat Energy Storage System (DC-CES). O projeto explora o potencial da impressão 3D para criar envelopes de edifícios eficientes em termos energéticos que incorporam materiais de mudança de fase (PCMs) para regulação térmica passiva.

O sistema DC-CES consiste numa série de painéis de betão impressos em 3D com canais integrados para a circulação de um fluido termicamente condutor. Ao controlar o fluxo de fluido através dos painéis, o sistema pode armazenar ou libertar energia térmica conforme necessário, reduzindo as cargas de aquecimento e arrefecimento e melhorando o conforto interior e a eficiência energética.

A utilização da impressão 3D para o sistema DC-CES oferece várias vantagens em relação aos métodos de construção tradicionais. Em primeiro lugar, o fabrico aditivo permite a produção de componentes personalizados com geometrias e canais internos complexos, permitindo um controlo preciso do fluxo de fluidos e do desempenho térmico.

Em segundo lugar, a impressão 3D permite o rápido fabrico e montagem de componentes de construção, reduzindo o tempo de construção e os custos de mão de obra. Ao automatizar o processo de fabrico e ao eliminar a necessidade de cofragens complexas, a Plataforma de Construção Digital do MIT permite a construção eficiente e escalável de edifícios energeticamente eficientes.

Por último, a impressão 3D permite a integração de caraterísticas e sistemas funcionais diretamente nos componentes do edifício, reduzindo a necessidade de instalação e montagem separadas. Ao incorporar materiais de armazenamento térmico e canais de circulação de fluidos em painéis de betão, o sistema DC-CES oferece uma solução integrada e sem descontinuidades para a regulação térmica passiva.

A Plataforma de Construção Digital exemplifica o potencial transformador da impressão 3D na arquitetura, construção e design sustentável. Ao ultrapassar os limites da ciência dos materiais, da robótica e do design computacional, os investigadores do MIT são pioneiros em novas abordagens à construção de edifícios que dão prioridade à eficiência, sustentabilidade e inovação.

Capítulo 9.
Conceitos-chave

9.1. Recapitulação dos conceitos-chave

Ao longo desta exploração da tecnologia de impressão 3D, aprofundámos os seus princípios fundamentais, as suas diversas aplicações e o seu impacto transformador em todos os sectores. Do sector aeroespacial e dos cuidados de saúde ao automóvel e aos produtos de consumo, o fabrico aditivo revolucionou a forma como concebemos, produzimos e consumimos bens e serviços.

Na sua essência, a impressão 3D, também conhecida como fabrico aditivo, é um processo de criação de objectos tridimensionais através da adição de material camada a camada com base em dados de design digital. Esta abordagem oferece vantagens significativas em relação aos métodos de fabrico tradicionais, incluindo maior liberdade de design, redução do desperdício de material e maior personalização.

Examinámos várias técnicas e processos de impressão 3D, incluindo a estereolitografia (SLA), a modelação por deposição fundida (FDM), a sinterização selectiva a laser (SLS) e o processamento digital de luz (DLP). Cada uma destas técnicas tem os seus pontos fortes e limitações únicos, tornando-as adequadas para diferentes aplicações e materiais.

Além disso, explorámos a importância das considerações de design para a impressão 3D, incluindo os princípios de Design para Fabrico Aditivo (DFAM), complexidade geométrica, estruturas de suporte, seleção de materiais e técnicas de pós-processamento. Ao otimizar os designs para o fabrico aditivo, os designers e engenheiros podem maximizar o desempenho, a eficiência e a fiabilidade das peças e componentes impressos em 3D.

Examinámos também uma vasta gama de aplicações da impressão 3D em todas as indústrias, incluindo a aeroespacial, cuidados de saúde, automóvel, arquitetura, produtos de consumo e educação. Desde componentes de aeronaves leves a implantes médicos específicos para cada paciente, o fabrico aditivo permitiu inovações revolucionárias e avanços na conceção de produtos, processos de fabrico e gestão da cadeia de fornecimento.

Além disso, explorámos tendências emergentes e inovações na tecnologia de impressão 3D, incluindo avanços na ciência dos materiais, impressão multimaterial, impressão 3D em grande escala, impressão 4D, bioimpressão, processos de fabrico híbridos e iniciativas de sustentabilidade. Estes desenvolvimentos prometem expandir ainda mais as capacidades e aplicações do fabrico de aditivos nos próximos anos.

9.2. Reflexões sobre o impacto da impressão 3D:

O impacto da impressão 3D nas indústrias, economias e sociedades de todo o mundo não pode ser exagerado. Ao democratizar o fabrico e ao permitir que indivíduos e organizações criem produtos personalizados a pedido, o fabrico aditivo abriu novas oportunidades para a inovação, o empreendedorismo e o crescimento económico.

Na indústria aeroespacial, a impressão 3D permitiu que os fabricantes produzissem componentes leves e de elevado desempenho com geometrias complexas que anteriormente eram impossíveis de obter utilizando métodos tradicionais. Este facto conduziu a melhorias significativas na eficiência do combustível, na poupança de custos e na sustentabilidade ambiental, tanto para as companhias aéreas como para os fabricantes de aeronaves.

No sector da saúde, a impressão 3D revolucionou o fabrico de dispositivos médicos, próteses e engenharia de tecidos. Desde implantes personalizados e guias cirúrgicos a órgãos e tecidos bioimpressos, o fabrico aditivo transformou os cuidados de saúde dos doentes, permitindo tratamentos personalizados e melhores resultados para milhões de pessoas em todo o mundo.

Na indústria automóvel, a impressão 3D reformulou a forma como os veículos são concebidos, prototipados e fabricados. Desde carros conceptuais e componentes personalizados a peças e ferramentas para produção, o fabrico aditivo acelerou os ciclos de desenvolvimento de produtos, reduziu o tempo de colocação no mercado e melhorou o desempenho e a eficiência dos fabricantes de automóveis.

Na arquitetura e na construção, a impressão 3D permitiu aos arquitectos e designers criar estruturas inovadoras e componentes de construção com níveis de complexidade e personalização sem precedentes. Desde pavilhões e esculturas a edifícios e pontes inteiros, o fabrico aditivo oferece novas possibilidades de design e métodos de construção sustentáveis.

Nos produtos de consumo e no retalho, a impressão 3D permitiu às marcas oferecer produtos personalizados e opções de personalização aos consumidores. Desde calçado e óculos personalizados a jóias e decoração personalizada, o fabrico aditivo permite que as marcas criem produtos únicos e exclusivos que satisfazem as preferências e gostos individuais.

No ensino e na investigação, a impressão 3D transformou a forma como os estudantes aprendem, exploram e inovam. Desde projectos práticos e desafios de design a iniciativas de investigação de ponta e colaborações interdisciplinares, o fabrico aditivo promove a criatividade, o pensamento crítico e as competências de resolução de problemas entre estudantes e investigadores.

9.3. Perspectivas futuras e recomendações:

Olhando para o futuro, o futuro da impressão 3D é brilhante, com avanços contínuos na ciência dos materiais, otimização de processos e tecnologias de fabrico digital que impulsionam a inovação e o crescimento da indústria. Para capitalizar estas oportunidades e enfrentar os desafios actuais, são propostas várias recomendações importantes:

1. **Investimento em investigação e desenvolvimento:** O investimento contínuo em investigação e desenvolvimento é essencial para impulsionar a inovação e alargar os limites da tecnologia de fabrico de aditivos. Os governos, as instituições académicas e as partes interessadas da indústria devem colaborar para financiar iniciativas de investigação centradas no desenvolvimento de materiais, otimização de processos e aplicações da impressão 3D em todas as indústrias.
2. **Normalização e regulamentação:** O estabelecimento de métodos de teste padronizados, protocolos de garantia de qualidade e estruturas de certificação é crucial para garantir a segurança, fiabilidade e interoperabilidade da tecnologia de impressão 3D. As agências reguladoras, as organizações de normalização e as associações industriais devem trabalhar em conjunto para desenvolver e implementar diretrizes e regulamentos que abordem questões de controlo de qualidade, propriedade intelectual e segurança.

3. **Educação e desenvolvimento da força de trabalho:** Investir em iniciativas de educação e desenvolvimento da força de trabalho é essencial para resolver a escassez de profissionais qualificados com conhecimentos especializados em tecnologia de impressão 3D, ciência dos materiais e design. As instituições de ensino, os programas de formação e as parcerias industriais devem proporcionar aos estudantes e trabalhadores os conhecimentos, as competências e a experiência prática necessários para serem bem sucedidos na indústria do fabrico de aditivos.

4. **Colaboração e partilha de conhecimentos:** Incentivar a colaboração e a partilha de conhecimentos entre as partes interessadas da indústria, investigadores e decisores políticos é essencial para promover a inovação e impulsionar o progresso na indústria da impressão 3D. Devem ser organizados fóruns, conferências e eventos de ligação em rede para facilitar a troca de ideias, melhores práticas e lições aprendidas entre os membros da comunidade de fabrico de aditivos.

5. **Sustentabilidade e economia circular:** A promoção dos princípios da sustentabilidade e da economia circular é essencial para minimizar o impacto ambiental e maximizar a eficiência dos recursos na impressão 3D. Desde a reciclagem de materiais e a redução de resíduos até à otimização do consumo de energia e à adoção de processos de fabrico amigos do ambiente, as empresas e organizações devem dar prioridade à sustentabilidade ao longo do ciclo de vida do fabrico de aditivos.

Apêndice: Glossário de termos e referências

Glossário de termos

Fabrico aditivo: Um processo de criação de objectos tridimensionais através da adição de material camada a camada com base em dados de design digital.

Estereolitografia (SLA): Uma tecnologia de impressão 3D que utiliza um laser UV para curar resina líquida camada a camada, criando objectos sólidos.

Modelação por deposição fundida (FDM): Uma tecnologia de impressão 3D que utiliza um filamento termoplástico, que é aquecido e extrudido através de um bocal, camada a camada, para criar objectos.

Sinterização selectiva a laser (SLS): Uma tecnologia de impressão 3D que utiliza um laser de alta potência para sinterizar seletivamente material em pó, como plástico ou metal, camada a camada para criar objectos.

Processamento digital de luz (DLP): Uma tecnologia de impressão 3D semelhante à SLA, mas que utiliza um projetor de luz digital para curar a resina líquida camada a camada.

Binder Jetting: Uma tecnologia de impressão 3D que utiliza um agente aglutinante líquido para unir seletivamente material em pó, camada a camada, para criar objectos.

Jato de material: Uma tecnologia de impressão 3D que utiliza gotículas de material fotopolímero líquido depositadas camada a camada e curadas com luz UV para criar objectos.

Sinterização direta de metal a laser (DMLS): Uma tecnologia de impressão 3D que utiliza um laser de alta potência para sinterizar material metálico em pó, camada a camada, para criar objectos.

Fusão por feixe de electrões (EBM): Uma tecnologia de impressão 3D que utiliza um feixe de electrões para fundir seletivamente material metálico em pó, camada a camada, para criar objectos.

Conceção para fabrico aditivo (DFAM): Princípios e diretrizes de design optimizados para processos de fabrico aditivo.

Complexidade geométrica: O grau de complexidade e complexidade da forma de um objeto 3D, que pode ser alcançado através do fabrico aditivo.

Estruturas de suporte: Estruturas adicionais adicionadas para suportar caraterísticas salientes ou complexas durante o processo de impressão 3D.

Técnicas de pós-processamento: Processos secundários aplicados a objectos impressos em 3D, como lixar, polir ou pintar, para melhorar o acabamento ou a funcionalidade da superfície.

Protótipo: Uma versão preliminar de um produto utilizado para fins de teste, avaliação ou demonstração.

Ferramentas rápidas: A utilização da impressão 3D para produzir moldes, matrizes ou ferramentas para processos de fabrico.

Personalização: Adaptação de produtos ou desenhos para satisfazer preferências ou requisitos individuais.

Bioimpressão: O processo de criação de estruturas biológicas tridimensionais, como tecidos ou órgãos, utilizando a tecnologia de impressão 3D.

Fabrico híbrido: A integração do fabrico aditivo com processos subtractivos, como a maquinagem CNC, para uma maior eficiência e funcionalidade.

Gémeo digital: Uma réplica virtual de um ativo físico, processo ou sistema, utilizada para fins de simulação, monitorização e otimização.

Internet das Coisas (IoT): A rede de dispositivos e sensores interligados que comunicam e trocam dados através da Internet.

Economia circular: Um sistema económico destinado a minimizar os resíduos e a maximizar a eficiência dos recursos através da reutilização, reciclagem e regeneração de materiais e produtos.

Referências

1. Gibson, I., Rosen, D. W., & Stucker, B. (2015). Tecnologias de fabrico aditivo: Impressão 3D, prototipagem rápida e fabrico digital direto. Springer.

2. Campbell, T. A., & Ivanova, O. S. (2011). Impressão 3D de biomateriais. MRS Bulletin, 36(12), 1017-1021.

3. Chua, C. K., Leong, K. F., & Lim, C. S. (2010). Prototipagem rápida: Principles and Applications. World Scientific Publishing Company.

4. Gibson, I., Rosen, D. W., & Stucker, B. (2010). Tecnologias de fabrico aditivo: Rapid Prototyping to Diret Digital Manufacturing (Prototipagem rápida para fabrico digital direto). Springer.

5. ASTM International. (2017). ASTM F2792-12(2017) Terminologia normalizada para as tecnologias de fabrico de aditivos. ASTM International.

6. Melchels, F. P., Feijen, J., & Grijpma, D. W. (2010). Uma Revisão sobre Estereolitografia e suas Aplicações em Engenharia Biomédica. Biomaterials, 31(24), 6121-6130.

7. Kruth, J. P., Leu, M. C., & Nakagawa, T. (1998). Progress in Additive Manufacturing and Rapid Prototyping (Progresso no Fabrico Aditivo e Prototipagem Rápida). Anais do CIRP, 47(2), 525-540.

8. Kalpakjian, S., & Schmid, S. R. (2014). Engenharia e tecnologia de fabrico. Pearson Education.

9. Wohlers, T., & Caffrey, T. (2019). Relatório Wohlers 2019: Impressão 3D e estado do fabrico aditivo do relatório anual de progresso mundial da indústria. Wohlers Associates, Inc.

10. Hull, C. W. (1986). Aparelho para produção de objectos tridimensionais por estereolitografia. Patente dos E.U.A. n.º 4,575,330. Instituto de Patentes e Marcas dos Estados Unidos.

yes
I want morebooks!

Buy your books fast and straightforward online - at one of world's fastest growing online book stores! Environmentally sound due to Print-on-Demand technologies.

Buy your books online at
www.morebooks.shop

Compre os seus livros mais rápido e diretamente na internet, em uma das livrarias on-line com o maior crescimento no mundo! Produção que protege o meio ambiente através das tecnologias de impressão sob demanda.

Compre os seus livros on-line em
www.morebooks.shop

info@omniscriptum.com
www.omniscriptum.com

Printed by Books on Demand GmbH, Norderstedt / Germany